MÉMOIRE

SUR

LE DOMAINE D'HUTION.

MÉMOIRE

SUR

LE DOMAINE D'HUTION

(MARNE)

Adressé à la Commission ministérielle en 1860,

PAR P.-F. CHEMERY,

LAURÉAT DE LA PRIME D'HONNEUR AU CONCOURS RÉGIONAL DE 1861,
TENU A CHALONS-SUR-MARNE,

MAIRE DE MOIREMONT, MEMBRE DU CONSEIL D'ARRONDISSEMENT
DE SAINTE-MÉNEHOULD.

SAINTE-MÉNEHOULD,
TYPOGRAPHIE DE DUVAL-POIGNÉE.

1862.

MÉMOIRE

SUR

Le DOMAINE D'HUTION (Marne).

RENSEIGNEMENTS GÉNÉRAUX.

Configuration du sol. — Le domaine d'Hution est situé sur un des plateaux qui, se détachant de la chaîne de l'Argonne, viennent, en s'abaissant, concourir à la formation du bassin de la rivière d'Aisne ; il dépend de la commune de Moiremont, et n'en est séparé que par une distance de quelques centaines de mètres.

Ce plateau, régulièrement configuré, presque généralement uni, mesure plusieurs kilomètres de superficie ; il tient au nord, par une pointe très-étroite, aux mamelons principaux des forêts, et descend à l'ouest, à l'aide d'une pente longue et douce, vers le lit de l'Aisne.

L'importance du domaine est de cent quarante hectares ; ils se groupent, jusqu'à concurrence des deux tiers de la contenance générale, autour des bâtiments d'exploitation, par parcelles disséminées variant de quatre à six hectares. La partie complémentaire du contexte d'Hution, détachée du plateau principal, a ses pièces, les unes prises dans ses rampes, les autres confinées dans la vallée qui le circonscrit.

Constitution de la couche arable du sous-sol, ses caractères. — L'aspect et la composition de la couche arable, assez variés, offrent les caractères suivants :

Vingt-cinq hectares, à coloration ferreuse, sont des terres franches ayant un sous-sol tuffeux et argilo-calcaire.

Vingt-cinq hectares, de même nature, ont pour couche profonde, ou sous-sol, une argile plastique, imperméable et contenant au-dessous d'elle des nodules de marne. La couleur de cette portion va de la nuance ocreuse au gris verdâtre, et passe insensiblement de ce ton au vert plus ou moins foncé.

Vingt-cinq à trente hectares, n'appartenant pas au plateau, présentent la même composition que les précédents; leur sol jouit de caractères physiques identiques; leur sous-sol, peu perméable, joint à sa cohésion gaizeuse une compacité qui ne cède en rien aux mêmes conditions des portions de terre déjà indiquées; sur lui, la couche végétale n'est devenue bien productive qu'à la suite des marnages judicieux auxquels elle a dû être soumise abondamment et à rappels successifs.

Le dernier quartier du domaine accepte des sols argileux, argilo-siliceux et sablonneux; son sous-sol est éminemment perméable et formé d'un calcaire divisé, appartenant à des sortes diverses.

Climat. — Les conditions naturelles d'exposition de l'arrondissement de Sainte-Ménehould, en font une contrée humide, surtout dans la partie située sur le cours de l'Aisne. Elles résultent de la composition du sol, du voisinage d'immenses forêts et de l'entretien en nombre considérable d'étangs et de marais. Aussi le climat d'Hution est-il humide, bien que modifié quelque peu par l'élévation de son plateau.

Eaux et marais. — Depuis vingt-cinq années, des assainissements divers ont été pratiqués et suivis de résultats satisfaisants; c'est ainsi que des parties improductives du sol, d'une surface de plusieurs hectares, formant flaques continues et croupissantes, nuisant par leur insalubrité, ont dû disparaître et prendre rang dans la culture générale. C'est à l'aide d'un drainage naturel exécuté au moyen de tranchées assez profondes comblées par des pierres, que ces eaux, les seules du plateau, ont été éloignées sans utilisation possible.

Source. — Une source intermittente, ouverte sur la partie déclive, existait encore, peu abondante, il est vrai, mais s'opposant à la mise en culture d'une surface trop hydratée déjà par la nature du sous-sol; cette source exigeait une dérivation pressante, devant amener son étanchement; à cet effet, une opération analogue à la précédente, faite avec soin, a permis d'en rendre les eaux dans celles de l'Aisne.

Nature des eaux. — Par leur filtration à travers certaines couches perméables du sous-sol, et pendant un séjour assez long dans leur réservoir naturel, ces eaux se sont chargées de sels de chaux en grand nombre et sont arrivées à posséder les propriétés et la composition de toutes celles de même origine dans l'arrondissement, c'est-à dire d'être titrées comme fortement séléniteuses, quand, au contraire, celles de la rivière d'Aisne sont à base alcaline.

Débouchés, voies de communication. — Distante à peine de six kilomètres de Sainte-Ménehould, son chef-lieu, la commune de Moiremont est placée au milieu de voies de communication classées impériale et départementale, au moyen desquelles elle déverse ses produits vers la Marne, l'Ornain, la Meuse et dans les Ardennes, au point surtout des débouchés du Nord (Vouziers), là où commence la canalisation de la rivière d'Aisne. La distance de ce port, de quarante-quatre kilomètres environ, nécessite toujours des pertes de temps considérables et des charrois longs et onéreux.

Rivières et canaux. — D'un intérêt puissant pour l'arrondissement de Sainte-Ménehould, dont les bois, les denrées agricoles et grand nombre de produits industriels s'écoulent difficilement et à grands frais, ou avec des réductions proportionnelles sur les prix d'achat, *la question de canalisation de l'Aisne* jusqu'aux limites du département de la Meuse, objet de tant de réclamations pressantes et collectives des nombreuses communes qui bordent son cours, soumise à tant d'études sérieuses et officielles sans résultat appréciable qu'on sache, est, parmi toutes les voies à créer, que nos populations accueilleraient avec faveur, la seule, à n'en pas douter, dont elles attendent impatiemment la tardive réalisation.

En effet, à cette canalisation se rattache des avantages nombreux et incontestables.

L'Aisne canalisée, en nous donnant un débouché aussi sûr qu'économique, en n'exposant plus les prairies qu'elle baigne aux débordements fougueux qui déciment annuellement leurs récoltes, en réduisant, après la retraite des eaux, les influences pernicieuses qu'elles produisent sur la santé publique, donnerait à nos campagnes une nouvelle impulsion d'activité, y développerait des éléments nombreux de travail, maintiendrait l'intégrité des ressources fourragères, et concourrait enfin à une transformation facile de la prospérité générale ainsi qu'au progrès agricole.

En évoquant de tels résultats, n'ai-je pas signalé une précieuse utilité, qui, nous relevant de la sorte de déchéance dans laquelle nous ont fatalement jetés l'apparition du canal de la Marne au Rhin, notre éloignement du chemin de fer de l'Est et la création du port marchand de

Vouziers, rendrait à notre arrondissement une partie de son animation éteinte, et lui offrirait des conditions certaines de commerce et d'avenir.

Commerce des produits agricoles. — Les produits agricoles s'écoulent en quantités considérables vers Bar-le-Duc, Châlons, Vouziers, Verdun, Vitry-le-François, à l'aide unique de la voie de terre, au moyen de transports pénibles et dispendieux, ai-je dit plus haut. L'idée de la canalisation de l'Aisne, comme espérance, est le rêve doré de nos contrées ; là pourrait ne pas se borner encore toutes nos ressources d'écoulement : Sainte-Ménehould, considéré dans sa position géographique, est un point central intersectionnaire autour duquel sillonnent diverses lignes de fer (celle de l'Est, le chemin frontière, l'embranchement d'Epernay au nord-est par Reims, Charleville), qui sera peut-être un jour appelé à posséder quelque tronçon anastomotique, dont l'apparition, quoique n'ayant jamais l'importance et l'utilité générale du projet de canalisation, ne nous offrirait pas moins un débouché de plus.

Marchés. — Autrefois existait à Sainte-Ménehould un marché hebdomadaire pour les céréales ; ses mercuriales avaient une valeur recommandable ; aussi servaient-elles aux tables statistiques régionales du prix moyen des denrées agricoles. Cela se passait alors que ces marchés étaient alimentés abondamment et courus par le commerce. Aujourd'hui qu'ils sont sans valeur et sans affaires considérables, qu'ils se sont réduits au plus à la vente de détail approvisionnant les localités industrielles et forestières, on doit les dire nuls et anéantis pour les grandes transactions. Certaines foires ont lieu également chaque année, qui, aussi peu favorisées que les marchés, ont beaucoup perdu de leur importance relative.

Ces effets proviennent naturellement de ce que les centres principaux au milieu desquels nous sommes situés, tels que Bar-le-Duc, Vitry-le-François, Châlons, Vouziers, Verdun, Stenay, et surtout les quatre premières villes, toutes dotées de halles, ports, canaux et chemins de fer, nous ont retiré la part principale de commerce que nous faisions en céréales dans nos marchés de vieille date.

Modes de transactions. — Les affaires avec ces points divers se traitent au jour de leurs marchés hebdomadaires spéciaux de grains, institués depuis une dixaine d'années déjà, et souvent, dans les temps d'abondance, les transactions s'effectuent par l'intermédiaire des courtiers-blavetiers, au nom des maisons Darblay, etc., pour le besoin de la boulangerie de la capitale ; parfois, et presque toujours, nos blés, dirigés sur Vouziers, vont alimenter le Nord, partent en Hollande et là reçoivent des destinations lointaines. Ces transactions ont lieu au domicile du cultivateur ; elles se consentent par un engagement signé réciproquement ; les saisons de vente active sont l'hiver et le printemps pour les céréales. En été, on enlève les colzas et autres graines oléagineuses ; en tous temps se font les approvisionnements de boucherie ; les produits animaux n'ont aucune époque de faveur, si ce n'est la laine qui se vend habituellement après la tonte. Les prix divers se règlent sur les cours des marchés voisins ; la contenance étalon est l'hectolitre pour les grains, graines et légumes secs, et le kilogramme pour les produits vivants ou morts, les tubercules, etc.

Châlons possède, en mai et en juin, un marché hebdomadaire très-animé, où se traitent les affaires destinées à alimenter les manufactures nombreuses de Reims, de Suippes, etc. Une création du même genre vient d'être autorisée à Sainte-Ménehould et doit bientôt fonctionner.

Foires. — En plus des marchés particuliers déjà spécifiés, j'ai à mentionner encore les foires de Suippes, dont l'importance majeure semble s'entretenir en prenant une extension insolite.

Suippes, petite ville située près du camp de Châlons, éloignée de Sainte-Ménehould de trente-huit à quarante kilomètres, est le siége de trois foires spécialement réservées au commerce de la bête à laine ; elles sont des places où les pourvoyeurs de la Picardie viennent, depuis longues années, acheter pour Paris.

Il y a quatre ou cinq ans que certains propriétaires des troupeaux de Champagne se sont décidés à profiter de la ligne de l'Est, pour diriger eux-mêmes, avec avantage, sur Sceaux et Poissy, leurs produits ; aussi cette circonstance est-elle devenue un stimulant puissant d'élevage et de production. Ces exportations s'élèvent actuellement déjà à une importance telle, qu'on peut les considérer avec raison comme une branche nouvelle d'industrie, acquise au commerce agricole de l'arrondissement.

Main-d'œuvre. — Les auxiliaires fournissant le personnel du service agricole sont très-difficiles à trouver, bien que les salaires se soient notablement accrus. Les causes à assigner à cette disette des bras sont les suivantes :

1° L'émigration vers les villes et centres principaux, là où la rémunération semble proportionnellement plus avantageuse, eu égard au genre de travail ;

2° L'utilisation d'un nombre considérable d'ouvriers dans les grandes entreprises de travaux publics, tels que : terrassement des lignes de fer, canaux, bureaux télégraphiques et administrations de création récente. La tendance de l'émigration vers tous ces nouveaux éléments de travail est notoirement trop générale pour être contestée ou méconnue.

Dans nos localités, l'émigration coloniale n'a eu aucun effet direct ; mais elle s'est produite en Lorraine d'une manière sensible, et nous a privés de la ressource que ces contrées nous offraient autrefois.

3° Les appels successifs faits plus complets depuis quelques années lors de la formation des contingents annuels ; les circonstances qui, en supprimant les congés renouvelables, ont rappelé de nos cultures un personnel nombreux et déjà insuffisant ;

4° Enfin, les effets d'engourdissement et de paresse que déterminent trop malheureusement le zèle philanthropique ou les sociétés d'assistance publique, par les erreurs qu'elles commettent souvent dans la distribution de leurs secours.

Parmi ces causes, les unes nous privent des auxiliaires dont nous avons besoin en les supprimant totalement ; les autres, plus fâcheuses, au contraire, paralysent les ressources qui nous restent et dont nous devrions disposer.

Salaire, domestiques engagés. — La salaire annuel est, pour les hommes, de 365 francs, nourriture et logement en plus de cette somme ; les serviteurs femelles jouissent également des mêmes conditions d'entretien et d'habitation ; leur engagement n'excède pas 180 à 200 francs. Ces sommes constituent les annuités de travail, commençant habituellement à la Saint-Martin (11 novembre) ou se renouvelant à la même date.

Tâcherons. — A certains temps de l'année, le cultivateur, forcé de recourir à des bras supplémentaires, tantôt fournis par le pays lui-même ou les départements limitrophes, souvent par des octrois militaires, satisfait à l'exigence de ces moments de presse, en temps de moisson surtout, à l'aide de gagistes temporaires.

A ces époques, qui comprennent les travaux de propreté des cultures sarclées, la fenaison, la moisson, les récoltes de tubercules, ces serviteurs supplémentaires reçoivent une augmentation de salaire quotidien qui est de 50 centimes par homme, et seulement de 25 centimes par femme; l'alimentation est de rigueur comme aux auxiliaires fixes.

Autrefois le département de la Meuse nous donnait, pour le besoin de la récolte des blés, bon nombre de bras qui refluaient vers leurs localités respectives au moment de leur moisson. Pendant de longues années, il s'est fait que la précocité des blés de Champagne devançait d'une quinzaine de jours environ la maturité des récoltes lorraines.

Ces émigrations, que nous nommons à bon titre des secours, ont singulièrement diminué depuis quelque temps, sans autres causes bien appréciables que celles résultant de la répulsion accusée par les générations actuelles à suivre servilement les habitudes traditionnelles de leurs devanciers; cela, en vue d'un lucre plus grand en échange d'un travail moins pénible dans un milieu de leur choix.

Production du pays, sa nature. — L'arrondissement auquel j'appartiens est essentiellement et généralement agricole; on y produit et livre au commerce une grande quantité de céréales. Les blés, le seigle, l'avoine, l'orge, y ont une végétation remarquable.

Les plantes oléagineuses et sarclées font partie des assolements annuels; elles y sont belles et productives; ces cultures sont appelées à prendre de l'extension dès que les instruments perfectionnés se seront répandus et que nos auxiliaires, en nombre suffisant, auront compris toute la portée de cette sorte d'amélioration.

Les prairies naturelles et artificielles sont variées, nombreuses et fertiles.

Espèce ovine. — On entretient et on y produit tout le bétail nécessaire à la consommation des fourrages. Comme spéculation avantageuse, la bête ovine y réussit très-bien et constitue, à elle seule, une des branches principales du système économique général.

La boucherie y trouve son compte dans les produits qui disparaissent annuellement pour faire place aux agnelages nouveaux; et les manufactures rémoises y puisent une partie de l'alimentation nécessaire à la fabrication de leurs tissus.

Espèce bovine. — L'espèce bovine y est soignée et entretenue dans le but double de créer les réserves de l'élevage et la spécialité des veaux gras destinés à la consommation; j'ai dit déjà quels étaient les moyens d'écoulement desquels nos localités se servent, depuis un petit nombre d'années, afin de tirer partie des excédents. Cette espèce est susceptible de beaucoup d'amélioration.

Espèce chevaline. — La production chevaline, restreinte, assez mal répartie, laisse beaucoup à désirer, eu égard aux éléments insuffisants ou à peu près nuls dont dispose le pays ; point d'accouplements convenables, et moins encore de bonnes conditions d'élevage.

Aussi, dans une telle situation, les propriétaires luttent-ils encore, d'une manière vaine le plus souvent, à l'aide de sacrifices pécuniaires parfois considérables, contre un tel état de choses.

En cette occasion, je signale l'impossibilité dans laquelle nous sommes de faire, avec nos poulinières, des accouplements judicieux, faute de reproducteurs, et viens blâmer l'habitude fâcheuse de faire des poulains d'écurie ; circonstances qui, d'une part, nous privent des qualités précieuses de conformation données par l'étalon, et ne doivent ensuite que déterminer des mécomptes certains dans la création et le développement des aptitudes des produits.

En précisant cet état de choses, en indiquant cette lacune, j'ai dit assez clairement que tous nous désirons vivement qu'ils frappent d'une manière sérieuse l'attention administrative.

Espèce porcine. — L'espèce porcine, entretenue et élevée pour le besoin des réserves ménagères de nos exploitations, alimente dans une assez forte proportion les centres voisins, tels que Châlons, Reims, Poissy et Sceaux. Les races ou variétés auxquelles généralement l'éleveur s'attache, appartiennent aux croisements anglais, aux Briards, et surtout à l'ancienne variété cantonnée dans les nombreuses communes de l'Argonne, là où se perpétue avec suite, comme spéculation, l'élevage des porcelets destinés aux approvisionnements de la Meuse, de la Marne, de la Haute-Marne et des Ardennes ; cette race ou variété, assez ancienne, est connue de nous sous le nom de lancerons de l'Argonne. Les débris, passablement charnus, sont très-estimés, se salent facilement et fournissent à toutes ces régions la plus grande partie de leurs conserves alimentaires.

RENSEIGNEMENTS SPÉCIAUX.

Étendue du domaine. — Le domaine possède cent quarante hectares de terrain affectés à diverses natures de produits.

De cet ensemble, quatre-vingt-dix à quatre-vingt-quinze hectares composent, autour des habitations ou bâtiments d'exploitation, le noyau principal ; huit d'entre eux, quoique en culture réglée, sont couverts de pommiers, cerisiers et poiriers, qui fournissent leurs fruits, moitié environ, à la fabrication du cidre et à la distillerie ; l'autre partie approvisionne les marchés des villes voisines et y trouve un écoulement facile.

Les quarante-cinq hectares détachés de l'exploitation, dispersés en parcelles de plusieurs hectares chacune, sont distants entre eux de quelques kilomètres, et tous assez rapprochés de l'habitation principale.

Mode de clôture. — Ces cent quarante hectares sont coupés et traversés en différents sens par les voies de communication dites : 1° chemin vicinal de Moiremont à La Neuville-au-Pont ; 2° de Florent à la même commune ; 3° de Chanvrieulles à Moiremont.

Là où les pièces paraissent détachées de l'ensemble, les unes s'abouchent sur ces voies ; les autres, bien qu'enclavées ou serves, s'ouvrent sur les précédentes, et la majorité est entourée de fossés.

Morcellement. — Quant à ce qui constitue le domaine proprement dit, là où il n'est pas défendu et limité par des chemins, il est clos dans ses détails à l'aide de haies et de fossés. Eu égard à son tout, à l'importance superficielle des parcelles détachées et au rapprochement de ces dernières des bâtiments d'exploitation, il forme un ensemble sans morcellement duquel émergent toutes les contenances éparses.

Ce contexte est ma propriété pour un lot de cent hectares ; ceux-ci, en faible partie, proviennent des partages de famille ; la majeure portion est le résultat d'acquêts divers et successifs faits depuis l'époque de ma prise de possession d'Hution, en 1835. Les quarante-cinq hectares complétant la totalité de l'exploitation se divisent en trente-cinq hectares de terres labourables et dix hectares de prairies naturelles ; ils m'ont été cédés à bail pour une série de neuf années, depuis la même époque.

Mode de jouissance, fermage. — Quant aux terres proprement dites, la première période a commencé en 1835 et fini en 1844, à raison d'une redevance annuelle de 1,400 francs, qui s'est élevée, dans la deuxième période, de 1844 à 1858, au chiffre de 1,700 francs; la dernière série, finissant en 1862, est affermée au chiffre de 2,000 francs de rente annuelle.

L'accroissement décennal des fermages ou locations des trente hectares s'explique par les améliorations dont ils ont été susceptibles, par leur mise en culture continue et régulière, mais surtout par l'élévation considérable du chiffre relatif de leurs rendements.

Mieux-value du fermage. — Les dix hectares de prairie faisant regains tous les trois ans, sont loués, pour les mêmes périodes que les précédentes, à raison de 170 francs l'hectare par an. Ces prés, tous situés sur les bords de l'Aisne, malheureusement exposés à être salis et dépréciés par ses débordements, attendent de la canalisation dont j'ai parlé précédemment, ou de travaux d'endiguement impossibles, l'assainissement propre à relever leur valeur.

Importance du capital d'exploitation. — Le capital d'exploitation, représenté par les bâtiments, le matériel des mobiliers divers, s'élève au chiffre de 70,000 francs.

L'absence de trains de culture aussi considérables placés à proximité ne permettant pas de comparaison, cette raison me dispensera de tout parallèle.

L'estimation aidant à la formation du chiffre ci-dessus est la suivante :

Troupeau....	10,500 à 11,000 fr.
Chevaux..........................	10,500 à 11,500
Étable............................	6,500 à 7,000
Porcs.............................	1,000 à 1,200
Instruments aratoires, harnais, chars, voitures, tombereaux, machines et autres accessoires du matériel, estimés..............	4,000 à 4,500
Bâtiments divers....................	27,500 à 30,000
	60,000 à 65,200 fr.

Il est à dire que ces bâtiments sont insuffisants à la contenance des récoltes ; que plusieurs meules, ainsi que des corps de granges loués ou prêtés, m'aident annuellement à abriter fourrages et moissons.

Répartition des terres, divers emplois. — La répartition des affectations diverses du sol s'établit comme il suit :

Terres arables et cultivées, cent quatorze hectares ;

Prairies naturelles irriguées, vingt hectares ;

Bois de diverses essences, six hectares, pour partie à défricher ;

Terres arables formant vergers, huit hectares ;

Cette portion dernière rentre dans celle des cent quatorze hectares de terres arables primitivement indiqués et ajoute sa récolte au rapport annuel.

Depuis mon entrée en jouissance et possession d'Hution, j'ai pris moi-même la direction des travaux qui y ont été exécutés dans des buts divers ; comme aussi j'ai procédé, assisté et coopéré aux nombreux détails d'exploitation consistant en labours, façons de culture et d'entretien, semailles, récoltes, dispersion des engrais, conditionnement d'iceux, usages des stimulants, préparation de certains amendements, etc.

Il y a plusieurs années que je compte sur l'utile surveillance, sur l'aide et les services de mes enfants ; aussi leur ai-je confié en partie certains détails d'intervention, tels que la conduite des attelages, les soins de quelques cultures, du régime alimentaire, de l'hygiène des différentes espèces entretenues tant pour le travail que pour le produit, la conduite des engrais, leur répartition, les exigences de conditionnement de certains sols, etc, etc. ; me réservant tout ce qui tient à l'administration du contentieux de l'exploitation.

Bâtiments, nature, disposition, plan. — Le domaine d'Hution possède pour constructions et bâtiments :

1° Une habitation centrale, autour de laquelle se trouvent groupées et contiguës les constructions usagères principales ; leur ensemble représente un carré régulier et long couvrant une surface de cinquante-quatre ares trente centiares.

Deux portes principales, ouvrant l'une au levant, l'autre au couchant, closent chaque jour cette habitation et la défendent, ainsi que la cour, de tous accès. Ces issues sont ménagées de telle sorte qu'elles abouchent sur les principaux chemins du domaine et desservent d'une manière utile et commode la sortie et l'entrée des denrées pour lesquelles les transports sont journellement indispensables.

Ce premier lot de constructions est composé des diverses distributions suivantes : à gauche de la grande porte, placée au couchant, se rangent successivement et forment le pan sud du carré une distillerie, un pressoir à cidre, des celliers, une bûcherie, plusieurs toits à porcs, l'étable, les écuries à chevaux et à poulains; aux deux tiers environ de ce côté, le corps de logis, comprenant, à l'aide d'une distribution simple, les pièces diverses réservées à ma famille, la laiterie, les greniers à grains, les celliers à fruits. En continuant, à l'est, se trouvent le fournil, les genilliers, les toits à porcs n° 2, l'étable n° 2, un porte-rue, des remises à voitures et instruments aratoires, des fenils ; au nord, les bergeries n° 1, n° 2, la grange à céréales, les fenils n° 2, la batterie à grains, une écurie à poulains et la bergerie n° 3 ; le côté ouest est entièrement composé de l'ancien corps de logis, où habite madame Fleurizelle, ma mère.

2° Détachée de ce premier lot, à quelques dizaines de mètres de distance, est construite une grange d'une aire assez vaste, servant de bâtiment de réserve aux céréales.

3° D'autres granges et parties de bâtiments, plus éloignés de l'habitation principale, épars dans la commune et destinés aux mêmes usages que le précédent, contiennent en outre des écuries à poulains, des crèches à bœufs, une décharge de bergerie.

Toutes ces constructions, le corps de logis excepté, sont montées en bois, fermées en torchis et couvertes en tuiles courbes. Seul en pierre et en brique, le corps de logis que j'habite, commode dans ses aisances et sa distribution, se recommande par son exposition, sa salubrité, autant que par sa simplicité. Placé environ au centre du pan sud, par sa position il permet de voir ce qui se passe dans l'intérieur des cours et de surveiller les services particuliers à chacun des auxiliaires de l'exploitation ; dans ce but, toutes les ouvertures et clôtures des bâtiments que je viens de désigner ont été ménagées sur cette cour.

Des hangars, appropriés à la remise des chars et instruments divers dans les temps d'inutilisation, suffisamment spacieux pour l'abritement des récoltes en temps de moisson, occupent au nord un espace avancé sur la cour. Il est également destiné à protéger les bêtes à laine dans les saisons pluvieuses, au moment des distributions alimentaires et lors de l'enlèvement des litières.

La cour, dans son entier, sert à la fois de parc à volailles, de places à fumier, de réservoir à purin et enfin de trottoirs propres à la desservance des habitations.

En dehors des bergeries, existent, abrités par le hangar dont il vient d'être parlé, des augets approvisionnés par une pompe foulante et aspirante, lesquels reçoivent une eau abondante et saine servant de boisson au troupeau. Une disposition analogue ménagée à l'abri d'un avant-toit près des écuries et étables, fournit aux chevaux et au bétail rouge, à l'aide d'un puissant appareil hydraulique, l'eau indispensable à la dépense journalière.

Dans la partie de cour qui est livrée comme parc aux volailles, se trouve un réservoir destiné à leur immersion, aux bonnes conditions d'élevage de certaines couvées comme au développement et à l'entretien des animaux auxquels cet accessoire est utile.

Ce réservoir, d'une étendue de dix mètres de diamètre, sert également de mare à bain aux animaux de l'espèce porcine, pendant les chaleurs de l'été. L'eau de ce réservoir, provenant des pluies, est renouvelée au fur et à mesure qu'il en est besoin.

Pour l'intelligence de cet exposé de distribution des bâtiments principaux, un plan comparatif détaillé des constructions anciennes et nouvelles est joint à ce mémoire. La légende, conforme à l'exposé qui précède, aidera beaucoup, à n'en pas douter, les explications que j'ai faites trop sommairement ; l'aspect des lieux devant venir au secours de cette insuffisance de renseignements, il m'est inutile, je crois, d'insister sur les détails y relatifs.

Moyens de transport, modes de harnachement, véhicules. — Les harnais, véhicules et modes de harnachement employés sont ceux communs à nos contrées. Les charettes, tombereaux, charriots, sont traînés à l'aide de l'ensemble du harnais parisien, collier à attelles en bois, sellettes à dossière ou brassières de brancards, reculements ou avaloirs à chaînettes, ventrières et brides en cuir noir ou blanc ; pour les chevaux de prolonge, les traits sont en fer soutenus par un dessus de dos à fourreaux ; à la charrue, les traits, en fer, sont fixés à un avant-train à palonnier double ou triple.

Les attelages pour les voitures ne se font jamais au timon et par deux ; en général, ce sont des brancards dits limonières dans lesquels on place un cheval, et aux extrémités desquels s'accrochent les traits des chevaux de prolonge, au nombre de trois à quatre, habituellement. La charrue se traine, au contraire, à l'aide de deux et quatre chevaux accouplés par paire et de front; ceux de derrière, attelés sur les palonniers mobiles, ceux de devant, sur une balance fixée à l'essieu de l'avant-train ou à son armon. La herse ne reçoit qu'un cheval, et son attelage a lieu sur un palonnier.

Les bœufs, destinés à la charrue seulement, sont toujours attelés au joug appliqué à la partie postérieure et supérieure de l'encolure.

Assolement. — Faire au domaine dans le début, à ces terres froides et humides, un assolement bien déterminé et régulier n'était pas possible ; c'est à peine si chaque année rendait un léger excédent de recoltes compensant la semence dépensée. La végétation y était capricieuse et le produit incertain. Amender et fumer soigneusement les meilleures pièces a été le point de départ du travail amodiateur que je commençais alors.

Étancher, drainer, diviser le sol à l'aide de la marne et des calcaires dont je disposais, furent successivement les opérations que je reconnus indispensables. et qui préparèrent merveilleusement les sols réfractaires ou très-difficiles dans lesquels la tenacité était affligeante.

C'est avec ces terres déjà améliorées, qu'à l'aide de fréquentes fumures j'ai pu compter sur des récoltes certaines, et imposer sans mécompte, à l'ensemble du contexte, des rotations de cultures régulières et à peu près fixes. Ce résultat, dont j'ai fait profit, m'a conduit à l'assolement ci-dessous, qui comprend des cultures fourragères améliorantes et nettoyantes dans des proportions égales.

Six hectares en luzerne sont distraits des soles suivantes :

1re année, fumure pleine....	Jachère au soleil.
2e année..................	4 hectares colza. 8 hectares blé.
3e année, 3/4 fumure.......	12 hectares avoine.
4e année..................	9 hectares trèfle. 3 hectares lupuline.
5e année, 3/4 fumure........	12 hectares blé.
6e année..................	4 hect. orge pur. 4 hect. seigle et lentillat. 4 hect. orgeat (mélange d'orge, d'avoine, de lentilles, pour fourrage sec).

7ᵉ année..................	6 hect. racines diverses et féverolles. 6 hect. seigle en vert et autres fourrages hâtifs.
8ᵉ année..................	12 hectares blé.
9ᵉ année..................	12 hectares avoine.

A l'exception de la jachère, que je considère comme indispensable au bon entretien du sol et à son nettoyage, la mise en culture est aussi parfaite que possible et forcée aux extrêmes limites de production, qui suppose une récolte annuelle ainsi répartie :

	hectares.		hectolitres.		hectolitres.
Blé..................	32	à	20	font	630
Avoine..................	24	à	20	—	720
Orge..................	4	à	18	—	72
Seigle battu légèrement..	4	à	15	—	60
Colza..................	4	à	16	—	64
Féverolles..............	2	à	18	—	36

	hectares.		kilogr.		kilogram.
Prairies naturelles..........	20	à	5,000	font	100,000
Trèfle ordinaire............	9	à	7,000	—	63,000
Minette à une coupe........	3	à	3,000	—	9,000
Luzerne à trois coupes......	6	à	8,000	—	48,000
Fourrages verts supposés secs.	6	à	5,000	—	30,000
Orgeat..................	4	à	5,000	—	20,000
Betteraves..............	1,50	à	27,000	—	40,000
Carottes..............	1	à	17,500	—	17,500
Pommes de terre...........	1,50	à	16,000	—	24,000
Paille de seigle et lentillat...	4	à	5,000	—	20 000
Pailles diverses..................					230,000
Menues pailles..................					40,000

C'est dans ces quantités que je trouve les bénéfices clairs de l'exploitation et les ressources nécessaires à l'alimentation et à la prospérité de cinquante-cinq à soixante mille kilogrammes de poids vivant, représentés par l'ensemble du bétail de trait et de rente.

Dessèchement, travaux exécutés. — Si actuellement cette rotation de culture est fixe et régulière, il m'a fallu, à force de persévérance, d'en-

3

grais et de travaux importants, tenter de ramener dans mon assolement, primitivement décousu et sans suite, les terres que leur mauvaise nature et leur imperméabilité excluaient des rotations sériaires. J'ai pu triompher de ces obstacles au moyen de deux talwegs de quatre kilomètres au moins de longueur; c'est ainsi que j'ai rendu à ma culture générale six hectares environ de terres sans production, sans classement et sans valeur.

De même j'ai obtenu, à l'aide d'un marnage caillouteux judicieusement pratiqué, des résultats heureux sur tout l'ensemble des terres du domaine.

Engrais, soins des fumiers. — Les engrais utilisés communément sont ceux que produisent tous les animaux élevés et entretenus soit comme moteurs ou dans un but de production. Ces fumiers, parfois mélangés entre eux ou répandus séparément, sont rendus aux champs quand il s'est opéré déjà une première phase de fermentation, imprégnant d'une manière à peu près uniforme toutes les pailles qui les composent, alors que la matière animale qui les constitue essentiellement a subi une sorte de décomposition préalable, les préparant à une assimilation toute prochaine dans les sols qui les reçoivent.

Quantité. — Ces engrais sont conduits à époques fixes sur les terres auxquelles on les destine; c'est-à-dire en hiver pour partie, au printemps et vers la fin de l'été, dans la proportion de soixante ou soixante-quinze mètres cubes par hectare; la quantité résumée des fumiers dépensés annuellement est de deux mille mètres cubes environ; elle représente une somme de 8,000 francs.

Cultures qui les reçoivent. — Leur répartition annuelle a lieu dans chaque sole ou série de la manière suivante :

Sur les terres devant recevoir les graines oléagineuses;

Sur certaines prairies artificielles;

Dans les contenances réservées au froment;

Parfois, dans certains espaces destinés à des cultures épuisantes.

Cette répartition précède toujours les labours d'enterrage; je veux dire que ces fumiers sont enfouis presque immédiatement après leur dispersion; excepté les rares cas où nous sommes forcés de recourir au sarrazin ou à d'autres plantes cultivées comme engrais vert, dans le but de nettoyer certaines terres suivant l'exigence des temps et des cultures.

Amendements, marne pierreuse. — Les amendements dont jusqu'alors j'ai dû faire emploi m'ont été offerts par le sol du domaine ; c'est ainsi que des gisements de marne en nodules, découverts il y a trente-cinq à quarante ans, ont servi à combattre la tenacité affligeante des terres argileuses et à leur donner les éléments de stimulation dont elles manquaient ; l'effet produit par cette opération ajouté au nouveau conditionnement donné au sol par l'assainissement et les travaux d'étanchement, etc., là où domine l'argile, ne s'est pas encore éteint depuis l'époque où elle a été pratiquée.

Amendements, marne caillouteuse, prix, durée, effets produits. — Il y a quelque dixaine d'années que, préoccupé de la résistance de mon sol, de sa compacité, de son inconstance végétale, dois-je ainsi dire, j'ai répandu sur les terres de cette nature, desquelles je désirais modifier la composition, cent quatre-vingts mètres cubes environ par hectare de marne caillouteuse revenant à 1 fr. 50 c. le mètre, extrait, rendu et dispersé ; et je choisis, pour le bien de cette opération, le moment des semailles. Depuis cette époque (1839), des modifications sensibles se sont opérées sans que pour cela il fût utile de revenir, dans les mêmes sols, au renouvellement du marnage.

Comparativement, le plâtre n'a pas produit le même résultat, bien qu'employé en quantité déterminée, dans des temps convenables et sur les mêmes natures de terre.

J'ai cru donner à la différence d'action entre ces deux amendements l'explication suivante : les cailloux de marne, divisant, aérant d'abord, donnent au sol un réactif lent à l'aide duquel se fait ou est favorisée la combinaison des engrais avec le grain de terre. De là résulte la préparation du sol lui-même à fournir aux plantes qu'on lui confie une alimentation ou des éléments de nutrition abondants et facilement assimilables. Le plâtre, au contraire, a une action moins durable, moins complète, plus immédiate, mais beaucoup moins convenable dans ces mêmes terres. Si j'ai préféré la marne à ce dernier sel, c'est qu'aux propriétés stimulantes qui lui sont communes, elle possède en outre celle de rendre à nos terres de la perméabilité et d'en rompre insensiblement la compacité.

Création des talwegs, surface, dépense. — En parlant de la nature des terres d'Hution, j'ai dit que cinq ou six hectares environ de parties marécageuses, improductives, le plus souvent couvertes d'eau croupissantes et infectes, avaient été rendues à la culture générale par la création de plusieurs grandes tranchées de un mètre cinquante centimètres de profondeur sur une largeur de trois mètres cinquante centimètres, ayant ensemble une longueur de quatre kilomètres et plus. Ces talwegs, dont l'exécution a nécessité une dépense de 1,000 à 1,200 francs, ont permis de tirer parti d'une surface inculte représentée par cinq à six hectares, qui, sans valeur autrefois, a acquis actuellement celle de 2,500 francs l'hectare.

Si l'un de ces travaux a été mis en relief dans le plan du domaine joint à cette relation, c'est afin de faire mieux comprendre toute l'importance qui s'y rattache, au double point de vue de la régularité des pièces et des économies de parcours qu'ils ont produites.

Prairies irriguées, moyens, effets. — Les prairies naturelles, aménagées en regains triennaux, sont divisées par leur genre d'irrigation en deux portions bien distinctes; la première, appartenant à la vallée de l'Aisne, composée de quinze hectares, est irriguée naturellement lors du débordement de ces eaux.

Ces submersions, qui ont lieu en automne, en hiver et parfois au printemps, durent variablement très-longtemps aux deux premières saisons (automne et hiver); les eaux que ces prairies reçoivent alors sont terreuses et fortement chargées d'alluvion.

La deuxième portion, comptant seulement cinq hectares de superficie, placée en aval du village, est irriguée par les eaux d'un ruisseau qui la traverse. Ce ruisseau, dans lequel se rendent toutes les parties salines du village placé sur les deux versants formant son bassin, a ses eaux relevées au moyen d'un vannage factice qui en permet la distribution à l'aide d'un plan de rigoles en palmettes rayonnant du barrage.

Ce système d'irrigation, différent du premier, laisse donner en temps opportun et à volonté les eaux dont la prairie peut avoir besoin; elles y sont dispersées par sillons, et, après leur utilisation, elles sont rendues au ruisseau duquel elles proviennent pour être ensuite conduites et versées dans l'Aisne, dont il devient un des très-nombreux affluents.

Nature des eaux. — Il est à dire qu'eu égard à l'exposition de notre localité, au nombre des coteaux, à la quantité des sources qu'on y rencontre, à la brièveté du cours des ruisseaux auxquels ils donnent naissance, tout concourt, en un mot, à ce que les moindres pluies les grossissent considérablement, rendent leurs eaux ravinantes et les chargent d'alluvions épaisses auxquelles nous devons la fertilité de nos prairies ; celles qui bordent la rivière d'Aisne aussi bien que celles placées dans les collines qui descendent vers son bassin, participent aux mêmes éléments de fertilisation.

Labours, instruments employés, moteurs. — Les labours se pratiquent généralement avec la charrue de pays à avant-train avec soc et versoir en fer ; vis régulatrice adaptée à l'avant-train, réglant le plus ou moins de terrage à donner au soc ; cet instrument est le même que celui dit de Dombasle ; rendu bien plus léger et d'une traction plus facile, il est le plus répandu et aussi le plus communément employé. Une charrue modèle-Dombasle existe dans bon nombre d'exploitations ; pour exécuter certains travaux de défoncement, la mise en culture de sols neufs, etc., toujours on a recours à ce genre d'instrument, dont la construction solide et la forme convenable répondent parfaitement aux besoins de ces opérations.

Les charrues de pays varient suivant l'exigence du sol et eu égard aux appropriations des cultures.

Deux, trois et quatre chevaux, attelés sur des palonniers mobiles, suivant les différents cas, composent les attelages et tirent par couple de front ou en prolonge.

Leur prix varie entre 120 et 130 francs.

On se sert généralement de herses en fer et en bois, de la houe à cheval de Dombasle, du semoir à brouette, du scarificateur et du rouleau ordinaire.

Tous ces instruments reçoivent indistinctement comme moteurs les chevaux ou les bœufs, ou l'un et l'autre.

L'utilité que je leur ai reconnue justifie assez les effets avantageux que j'en obtiens ; aussi tous ces instruments sont-ils de première nécessité et l'outillage obligatoire de toutes les exploitations intelligemment dirigées.

Leurs effets sont si bien définis et surtout si généralement connus qu'il me semble, sinon inutile, au moins superflu de les décrire ; aussi ai-je pensé ne point devoir m'y arrêter ou leur donner des développements auxquels votre contrôle suppléera d'une manière complète.

Profondeur, dimension. — Tous nos labours, faits en billons, parfois et rarement en planches, varient en profondeur entre douze et quinze centimètres sur une bande large de vingt-cinq à trente centimètres.

Les froments sont semés sur quatre labours successifs exécutés en mai, juillet, septembre et octobre.

Les marsages se font après deux labours, l'un donné avant l'hiver, soit en novembre, l'autre en février et mars.

Rien de particulier n'est à signaler à l'égard de ces diverses cultures, si ce n'est que lors des labours exécutés en septembre pour le blé, dans les pièces assez difficiles, ces labours sont exécutés en travers au lieu d'être effectués en long, ainsi que cela se pratique communément.

Emploi de la herse, du rouleau. — Aussitôt semées, les graines sont enterrées à la herse, et le sol serré à l'aide du rouleau, pour les marsages surtout; un roulage en printemps est donné au froment, ayant pour but de tasser la terre et d'empêcher le déchaussage des racines; cette dernière pratique est d'une utilité générale dans nos localités.

Du scarificateur. — Le scarificateur, peu répandu encore, se trouve peu et mal employé; on s'en sert à l'époque des labours de juillet pour les froments, dans un but double d'économie de temps et de nettoyage des sols.

Parfois, dans les terres destinées aux colzas comme aussi dans celles à blé, avant les semailles, l'ai-je aussi utilisé pour écroûter leur surface.

La houe. — La houe à cheval reçoit son application dans le temps de l'ensemençage pour le besoin des binages et buttages à donner aux cultures sarclées, dont les semailles ont eu lieu en ligne au semoir à brouette ou autrement; cet instrument a fort souvent servi de rayonneur ou comblé le vide occasionné par son absence.

Semailles et plantations, modes divers, repiquage. — Ainsi que je viens de l'exposer précédemment, mes semailles s'exécutent à la volée et en main pour les céréales et les colzas, sur labour et enterrées à la herse; en ligne, au semoir, pour les plantes sarclées, à l'exclusion de la pomme de terre qui, suivant nos usages, s'enfouit à la main derrière la charrue et se recouvre à la herse. Un repiquage au plantoir est assez souvent nécessaire dans les champs réservés aux colzas et à certaines plantes sarclées, afin de regarnir les places nues ou peu fournies.

Chaulage. — Le chaulage que subit la semence de froment est ainsi préparé : dans un lait de chaux (30 litres environ), je dissous un kilogramme de deuto-sulfate de cuivre; cet excipient, étendu d'une certaine quantité d'eau ordinaire, reçoit la semence qui y séjourne ensuite pendant quelques jours; telle est l'opération du chaulage des grains destinés aux semailles ; elle s'applique exclusivement au froment. Les autres semences ne reçoivent aucun trempage préparatoire. Je me suis arrêté à cette dissolution mixte de préférence, comme réussissant d'une manière très-fidèle.

Soins des empouilles. — Les empouilles de seigle sont rarement à nettoyer ; leur végétation dans les sols convenables est toujours régulièrement propre.

Les plantes à tubercules arrivent à leur maturité en recevant différents binages et sarclages à la houe à cheval et à la main ; quelques buttages les disposent à faire leur végétation en protégeant leur croissance.

En mars, chaque année, les colzas réclament un binage d'écroûtement dont le prix de revient est de 12 à 15 francs l'hectare.

Parasites des prairies artificielles, leur destruction. — Les cultures artificielles, accidentellement, demandent certaine main-d'œuvre destinée à les purger des végétations parasites qui les infestent, telles que la cuscute, qui, dans nos localités, existe d'une manière permanente et y produit des pertes considérables en diminuant sensiblement la masse des récoltes fourragères ; la destruction de ce parasite s'opère à l'aide d'arrosage vitriotique (sulfate de zinc, cuivre, fer), après avoir préalablement enlevé, au râteau ou à la main, la plus forte partie des gazons compacts qu'il a formés.

Récoltes. — Les récoltes en céréales ont lieu vers la fin de juillet ; fréquemment les marsages devancent les froments par leur maturité ; la moisson s'en fait à la faux à crochet et à la faucille ; la dépense de cette opération s'établit ainsi : blé, de 20 à 21 fr. l'hectare, depuis quelques années seulement ; pour l'orge et l'avoine, 4 à 5 fr., nourriture non comprise.

Colza, récolte, égrainage. — Le colza se récolte en juin, lorsque les siliques en sont encore vertes et fermées. Après quelques jours de cueillette, s'il est prêt à laisser échapper ses graines, il est battu aux champs sur des toiles tendues à terre et destinées à les recueillir plus facilement ; le battage s'effectue au moyen du fléau ; en cas de temps incertain, les colzas sont enlevés au char sur des bâches, rentrés et battus ensuite à la maison.

Rendement. — Les rendements précis par hectare sont les suivants :

Un hectare	blé,	20 hectol.,	dont le prix moyen est de	17 fr. l'hect.
—	avoine,	25 hect.,	—	7 fr. 50 c.
—	orge,	18 hect.,		de 11 à 12 fr. 50 c.
—	seigle,	18 hect.,	—	11 fr.
—	colza,	16 hect.,	—	25 fr.

Époque des récoltes. — Toutes les céréales proprement dites sont mises en gerbes, réunies en moyettes ou en douzaines, puis rentrées dans les granges ou serrées en meules. Dans les granges, les gerbes sont entassées avec leur lien.

La rentrée de ces empouilles commence fin de juin pour le colza; le seigle se fait en juillet, le froment vient ensuite; elle se termine par celle des orges et avoines, vers la fin d'août, au moyen des chars à quatre roues avec avant-train tournant, contenant environ vingt douzaines de gerbes, des charrettes avec échellettes devant et derrière et perche à pression. Ces voitures, moins commodes que les précédentes, sont employées supplémentairement afin de hâter les rentrées.

Chars, charrettes. — Les charriots réunissent toutes les conditions désirables pour tous usages; les charrettes sont affectées plus spécialement à la conduite des fumiers; elles sont construites sur une échelle relative pour la solidité; l'entretien et la traction y sont ménagés avec soin; les essieux sont en fer forgé; les roues, cerclées en fer, possèdent des largeurs de jantes variables; le plus ordinairement elles ont celle de 8 et 10 centimètres; cette dimension est préférée parce que, eu égard à la nature des terres, elle leur permet moins de s'enfoncer dans le sol sous les charges qu'ils reçoivent; un frein adapté à la partie postérieure ou à l'arrière de ces équipages de trait modère les poussées dans toutes les pentes à parcourir et soulage d'une manière très-efficace le cheval de limon.

A Hution, les charriots sont au nombre de quatre; les charrettes sont en même quantité; ainsi que les chars, elles sont montées sur essieux de fer forgé et roues cerclées de bandes d'une largeur de 0,108 millimètres.

La valeur relative de chacun de ces véhicules est de 6 à 700 fr. pour les chars, et 350 fr. pour les charrettes.

Aussi commodes qu'utiles dans les moissons, les chars ont surtout les mêmes avantages pour les rentrées fourragères à l'époque de la fenaison; eux seuls (ou très-rarement les charrettes) sont occupés pour les nombreux convois propres à cette récolte.

Prairies, fenaison, moyen prix. — C'est en juin que sont entamées les prairies temporaires, le trèfle d'abord et la luzerne ensuite, et dans le même temps pressent toutes les prairies naturelles. La faulx est l'unique moyen employé pour l'abattage de ces diverses cultures fourragères. Le prix à l'hectare se répartit ainsi : pour un fauchage bien exécuté, dans les prairies naturelles, il est de 6 fr. l'hectare.

L'herbe coupée est abandonnée en andins, ainsi que l'a déposée le faucheur, pendant le temps nécessaire à l'évaporation d'une partie de son eau de végétation sous l'influence des rayons solaires ; ce premier temps, qui commence le fanage, est suivi de la mise en tas, des étendages successifs jusqu'à dessiccation parfaite, puis enfin de la reformation des tas pour la commodité du chargement, l'achèvement du fanage et la conservation du foin en cas d'averses ou de pluies ; telles sont, sommairement, les phases diverses par lesquelles passent nos plantes fourragères pour être transformées en foin.

Il est à dire qu'à l'égard des cultures artificielles nous sommes assujettis à des précautions de dessiccation qui résultent de la grosseur des tiges et de l'humidité du sol, où le séjour des tas doit durer beaucoup plus longtemps que sur les terres dont la nature est calcaire et sablonneuse.

Rendement. — Les prairies naturelles exigent beaucoup moins de soins, se fanent beaucoup mieux que les précédentes ; elles reçoivent les mêmes détails de fenaison qu'elles, à la différence près cependant que tous les incidents du fanage sont beaucoup plus courts.

Les rendements relatifs fournis tant par ces prairies que par les cultures temporaires, comme le trèfle, la luzerne et la lupuline, sont annuellement les suivants :

Pour un hectare,	prairies naturelles,	4,500 à 5,000 kilogrammes.
—	trèfle,	5,000 à 6,000 kilogrammes.
—	luzerne,	4,500 à 5,000 kilogrammes.
—	minette,	2,000 à 3,000 kilogrammes.

Tesses, précautions. — Tous ces fourrages sont rentrés aussi complètement fanés que le temps l'a permis. Sur chacune des couches formées par l'arrivée de chaque char, afin de prévenir les effets produits habituellement par une dessiccation imparfaite et rendre les fourrages plus agréables et plus sapides, il est répandu environ douze à quinze kilogrammes de sel commun par deux mille kilogrammes de fourrage, mis en tas à l'abri de l'air et de la pluie, dans des bâtiments réservés à cet effet ; le plus souvent les tas sont ménagés et construits de manière à avoir au centre une sorte de cheminée destinée à leur aération et à leur surveillance ; il en est de même à l'extérieur, où il est laissé une sorte de couloir isolant ces tas des parties d'habitation avec lesquelles ils devraient être en contact. Ces précautions n'ont d'autre but que de permettre d'exercer autour des tesses de fourrage une surveillance facile, et de n'en point souiller ou perdre certaines parties par leur rapprochement trop immédiat des torchis.

Ayant omis d'indiquer, à l'occasion des prairies et de leurs engrais, les soins divers donnés à leur entretien comme au bon conditionnement qu'elles réclament dans des vues de saine économie, j'ai jugé utile de ne point terminer ce qui leur est relatif, après avoir parlé de leur rendement, de leur fenaison, de leur rentrée, sans leur accorder une mention spéciale.

Les prairies naturelles reçoivent supplémentairement, en plus des conditions d'irrigation déjà décrites, une fois par an, dans les parties surtout dont la production est un peu faible, des aspersions et un arrosage régulier au purin. Cette précaution toute rationnelle m'a donné déjà d'excellents résultats. Aussi, pour l'avenir, ai-je songé à préparer des réserves considérables de purin au moyen d'une fosse suffisamment spacieuse et convenablement close ; recueilli ainsi, il peut être déposé à volonté sur toutes les récoltes qui en ont besoin ; cette pratique est trop généralement répandue dans tous les pays à culture avancée, pour que je m'abstienne de faire ressortir ici les avantages de son emploi.

Les prairies sont sarclées une fois l'an ; la herse parfois y passe dans un deuxième but de nettoyage. Les taupinières y sont scrupuleusement abattues et dispersées ; un guetteur vient tous les ans, en dehors de notre action collective, traquer, à l'aide de piéges nombreux, ces animaux, lorsque les inondations n'en ont pas fait justice. Les mêmes soins sont appliqués et donnés aux prairies temporaires ou artificielles, non pour la taupe mais pour la cuscute ; à cela se bornent les soins et les façons d'entretien dont elles sont l'objet.

Coupes diverses. — Les coupes que donnent ces prairies sont au nombre de trois par année pour la luzerne, et deux pour le trèfle ; la dernière, parfois, est pâturée, et le plus fréquemment, employée à titre d'engrais vert, on l'enfouit comme tel en octobre.

Une distribution particulière m'a paru utile à donner aux prairies naturelles, afin de les aménager économiquement ; c'est conséquent avec cette idée que j'ai divisé mes recoupes de prés en trois grandes séries : l'une commence cette année, c'est-à-dire est fauchée et récoltée sans faire regain ; la même partie est abandonnée à un repos fertilisant pendant deux années, après lesquelles elle reparaît à la période normale de pleine récolte ; je donne le même aménagement aux autres tiers ; c'est ce qui constitue mes regains triennaux.

Racines alimentaires, rendement, récolte, conservation. — Nos racines alimentaires sont les betteraves et les carottes pour le bétail, et les pommes de terre pour l'alimentation humaine et les nourris d'hiver. Le produit de ces diverses plantes à tubercule est par hectare :

Betteraves, 25 à 30 mille kilogrammes ;
Carottes, 15 à 20 mille kilogrammes ;
Pommes de terre, 15 à 18 mille kilogrammes.

Leur récolte a lieu en octobre et en novembre ; leur conservation se fait indistinctement en celliers ou en terre dans des silos. Ces diverses racines sont nettoyées avec soin avant leur rentrée, débarrassées de leurs feuilles, empilées les unes sur les autres et placées dans des endroits où elles sont protégées contre les gelées.

Instruments à battre les grains. — Le battage des grains provenant des céréales seulement, se fait à la machine, rarement au fléau ; l'avoine seule est battue de cette dernière manière. Les graines sont ensuite passées au van d'Allemagne, puis cylindrées. Elles sont remises en tas à l'air et brassées en temps utile, afin d'éviter toute fermentation.

Maladies diverses. — Les maladies qui affectent généralement les céréales sont les suivantes :

Pour le blé, la rouille, le charbon, la carie ;
Pour l'avoine, le charbon ;
Pour le seigle, l'ergot très-rarement ;
Pour les pommes de terre, la maladie connue.

A ces diverses affections, dont les influences ou causes sont si difficilement appréciables, j'oppose les renouvellements de graines pour les céréales ; j'ai expérimenté la plupart des moyens préconisés contre la maladie des pommes de terre ; deux d'entre eux ont eu d'heureux résultats, je les ai dits précédemment.

Cidre, sa fabrication, son rendement, son prix, alcool. — Ilution récolte des pommes et des poires en assez grande quantité pour fabriquer environ quarante à cinquante hectolitres de cidre, valant, en moyenne, de 10 à 12 fr. 50 c. l'hectolitre.

Les pommes dites à cidre ou de Normandie, les poires également désignées à cidre ou de carisi, sont écrasées à la main au pilon, parfois au concasseur à cidre, puis ensuite exprimées; quatre hectolitres de fruits produisent cent quatre-vingts à deux cents litres de cidre. Les marcs, ainsi soumis à la presse, sont distillés ensuite pour en obtenir de l'eau-de-vie commune payée ordinairement de 1 fr. à 1 fr. 25 c. le litre; un hectolitre de pulpes de pommes fournit quatre à cinq litres d'alcool, pesant vingt-un degrés à l'aréomètre centésimal; cette fabrication se fait en hiver à temps perdu; les pommes, cueillies ou abattues par le vent et journellement ramassées, soigneusement séparées, sont réunies dans un cellier spacieux, conservées jusqu'à cette époque à l'abri des gelées, puis écrasées et passées au pressoir. Les marcs sont enfermés dans des tonneaux d'une contenance de deux à trois hectolitres, recouverts d'un lutage en terre, ensuite distillés à l'alambic à réfrigérant ou appareil ordinaire des distilleries de nos contrées.

Le cidre, abandonné pendant quelques semaines, ne tarde pas à se décanter; une fois dépouillé ou à peu près clair, il est livré au commerce ou est vendu sur place aux consommateurs quelques semaines à peine après sa fabrication.

ANIMAUX DOMESTIQUES.

ESPÈCE CHEVALINE.

Origine, taille, robe, achats. — Aucune race distincte ou entretenue pure n'est à signaler à Hution. Les ascendants auxquels on peut rattacher cependant les divers chevaux composant ses écuries, appartiennent tout à la fois aux races percheronne et ardennaise.

Ces animaux sont de taille moyenne, essentiellement propres partie au trait, partie au trait léger.

Les robes variées sous lesquelles ils se signalent sont grises, pommelées, rouannes et baies dans leurs différents tons.

Je n'élève ordinairement que quelques produits ; mes remontes annuelles ont eu lieu, jusqu'alors, les unes dans le pays Chartrain, les autres, tantôt dans les Ardennes françaises ou sur les bords de la Meuse, d'autres fois encore près des marchands qui importent l'ardennais belge.

Les accouplements se font toujours à l'aide de chevaux entiers faits, c'est-à-dire ayant cinq ans accomplis, et les juments ne marquant pas au-dessous de quatre ans.

Produits, leur valeur. — Si le hasard a permis de réussir un cheval réunissant les qualités de l'étalon, la valeur intrinsèque de ce produit dépasse 1000 francs et peut varier en s'élevant davantage ; ce fait est excessivement rare. Les chevaux hongres se vendent, à deux ans, de 3 à 400 francs ; à trois ans, de 5 à 600 fr. ; à quatre et cinq ans, de 600 à 800 fr., parfois plus ; j'ai acheté des chevaux et des juments qui, souvent, ont dépassé ces différents prix. Les poulains et pouliches, à l'époque du sevrage, valent de 150 à 250 francs ; ils reprennent ensuite la série des prix ci-dessus indiqués.

De l'élevage, mauvaises conditions, pénurie d'étalons. — L'élevage se pratique dans nos contrées au milieu de conditions peu favorables à l'amélioration générale et surtout à la bonne direction donnée à l'éducation des produits. Notre arrondissement, dépourvu d'étalons convenables provenant des haras gouvernementaux ou des acquisitions particulières dues à l'initiative des associations agricoles, nous force de livrer nos juments aux reproducteurs ambulants de provenances diverses et de conformation perdue que nous envoient nos voisins de la Belgique; cette influence nuit essentiellement à l'amélioration dans son ensemble. A cette première cause s'ajoutent les conditions fâcheuses dans lesquelles se développent les produits.

Insuffisance de l'élevage, besoin d'importation. — L'élevage à l'écurie explique facilement combien nous devons avoir de mécomptes ou être contrariés souvent à l'endroit des aptitudes diverses que nous avons cherché à obtenir de nos accouplements.

Les produits heureux, en petit nombre, sont conservés dans nos écuries pour y remplacer les réformes ou y combler les vides; en général, ils sont insuffisants; c'est pourquoi il nous faut demander à l'importation la partie la plus considérable de nos remontes.

Écuries, distribution, commodités. — Le bâtiment servant d'écurie est divisé de manière à pouvoir contenir douze à treize chevaux; une écurie supplémentaire y attenante a place pour six chevaux et des poulains.

Dans une dépendance détachée de l'habitation principale, sont placés les poulains de quinze à dix-huit mois, au nombre de trois têtes; sans être d'une construction irréprochable, les écuries sont spacieuses, bien aérées, percées d'un nombre suffisant de jours et surtout commodes; elles contiennent certains accessoires d'utilité, tels que dépenses à fourrages, tablettes à harnais, lits de charretiers et loges ou stalles propres aux chevaux entiers et aux juments.

Ration de travail, sa composition. — Le cheval vit de foin, d'avoine et de paille; telle est la base de son alimentation habituelle; les rations ou leur composition varient suivant les époques de travail et se modifient de la manière suivante : la période de travail, qui commence au mois de mars, comporte la ration suivante : fourrages alternant entre eux (foin de pré naturel, trèfle, luzerne), six à sept kilogrammes divisés et répartis en trois repas; avoine, huit à dix litres, également donnés le matin, à midi et le soir.

A la rentrée des attelages, une ration supplémentaire de paille de blé, cinq kilogrammes environ, complète la distribution du souper. En dehors de cette composition des divers repas, il est servi chaque semaine une ration ou deux de sons de blé mélangés à l'orge concassée ou quartelée, humectés simplement et le plus souvent donnés à titre de barbotage. La quantité d'orge est d'un litre pour autant de sons chaque fois. Telle est, pour le cheval, la composition de la ration journalière de travail.

Ration d'entretien, sa composition. — La période opposée aux temps des moissons, labours, charrois et autres occupations, commençant vers le mois de décembre, modifie la ration ainsi : distraction de foin et tous fourrages, paille de blé à discrétion donnée à tous les repas; avoine, deux fois par jour, à la ration de cinq à six litres par tête, maintien des barbotages ; telle est l'alimentation quotidienne en hiver ou durant trois mois environ, pendant lesquels les animaux sont utilisés deux à trois heures par jour au transport des fumiers, à la machine à battre, à la conduite des grains, ou encore à certains remaniements de terre.

Attelée, durée. — Dans la période de travail, ils sont chargés des labours, des charrois divers propres aux récoltes et des travaux courants. La durée des attelées, ordinairement au nombre de deux par jour, fournit dix à douze heures de travail ; pendant la moisson seulement, cette donnée est augmentée et portée à quatorze et quinze heures.

Entraînement des produits. — Aucun cheval n'est mis en service régulier et continu avant l'âge de trois à quatre ans, époque à laquelle il a toujours eté soumis à la castration.

Il débute aux charrois, à deux ans et demi, par des attelées entrecoupées ou incomplètes ; satisfait, à trois ans, aux attelées sans interruption, mais ne travaille qu'un demi-jour ; à quatre ans, il entre en rang et ne reçoit plus qu'au moment de la dentition les ménagements recommandés en parcil cas ; habituellement, il est au travail un jour sur deux, et son alimentation modifiée suivant l'état de la bouche.

Inventoriées, les écuries représentent :

1 cheval entier......		âgé de	7 ans,	estimé	1,000 fr.
8 chevaux hongres...	2	âgés de	5 ans,	estimés	1,500 fr.
	2	—	7 ans,	—	1,400
	2	—	10 ans,	—	1,200
	2	—	12 ans,	—	900
8 juments...........	2	âgées de	3 1/2 à 4,	estimées	1,200 fr.
	2	—	6 ans,	—	1,500
	2	—	10 ans,	—	1,000
	2	—	14 ans,	—	700
3 poulains..........	1	âgé de	12 mois,	estimé	250 fr.
	1	—	18 mois,	—	300
	1	—	24 mois,	—	300
18 têtes.					11,250 fr.

ESPÈCE BOVINE.

L'espèce bovine comprend :

3 taureaux......	1 âgé de 10 mois, estimé	180 fr.
	1 âgé de 16 mois, estimé	220
	1 âgé de 24 mois, estimé	250
14 vaches	4 âgées de 6 ans, à 300 fr. l'une,	1,200 fr.
	4 âgées de 8 ans, à 280 fr. l'une,	1,120
	2 âgées de 10 ans, à 260 fr. l'une,	520
	2 âgées de 4 ans, à 300 fr. l'une,	600
	2 âgées de 3 ans, à 300 fr. l'une,	600
6 génisses......	2 âgées de 8 mois, à 120 fr. l'une,	240 fr.
	2 âgées de 12 mois, à 150 fr. l'une,	300
	2 âgées de 18 mois, à 180 fr. l'une,	360
4 bœufs de travail de 6 à 7 ans, à 350 fr. l'un,		1,400 fr.
6 veaux gras livrés tels à la boucherie à 2 mois, donnant chacun 140 fr.,		840
6 veaux conservés pour l'élevage, vendus 60 fr. l'un,		360 fr.
39		8,180 fr.

L'espèce bovine se répartit ainsi : les bœufs seuls, travaillant avec les chevaux, prennent part aux labours ; les femelles sont entretenues pour le lait et les produits ; le taureau sert exclusivement aux améliorations et à la reproduction.

Origine, Schwitz et Glane. — Les races diverses qui ont aidé à former les animaux de cette espèce peuplant, au nombre de trente-six têtes, les étables d'Ilution, sont les descendants des races de l'Oberland bernois alliés à celles de Schwitz et du Glane.

Beaucoup d'entre eux sont purs Schwitz et Glane ; ils ont été importés sans mélange et élevés ensuite sur l'exploitation ; un taureau de chaque race entretient ces familles à l'état de pureté.

Bœufs de travail, d'engrais, leur valeur. — Quatre bœufs sont affectés au service du trait, précédés par un cheval ; tous les ans, l'un d'eux est retiré, comme excédent, de l'étable de travail, mis à l'engraissement et livré à la boucherie.

Ces bœufs font, par jour, deux attelées de charrue de chacune six à sept heures ; ils sont exclusivement réservés à ce seul service.

Leur prix moyen ne dépasse pas 350 francs ; celui des taureaux est à peu de chose près le même.

Des veaux gras. — Les veaux destinés à la boucherie comme veaux gras sont vendus à deux mois, rarement plus âgés. La vente rapporte, suivant les époques, 80 à 90 fr. des cent kilogrammes vivants ; ils sont en partie tous expédiés sur Paris.

Veaux d'élève. — Les veaux d'élève, destinés à l'entretien des étables ou considérés comme tels, sont vendus, de dix à seize mois, aux prix de 130, 150 et 160 francs.

Vaches laitières, alimentation en été et en hiver. — Les vaches laitières consomment la même quantité de fourrages divers que les bœufs, soit trente à quarante kilogrammes ainsi définis : regain naturel ou artificiel, douze à quinze kilogrammes ; menues pailles de blé, d'avoine, betteraves et carottes découpées (non fermentées), douze à quinze kilogrammes ; paille d'avoine supplémentaire donnée à discrétion.

Cette alimentation ne commence qu'à l'époque où elles sont en stabulation permanente ; après la récolte des foins, elles ne reçoivent du sec que matin et soir ; elles sont mises au pâturage libre dans les prairies naturelles d'abord, puis ensuite dans les dernières coupes artificielles réservées à cet effet.

Lait, son rendement, son utilisation, sa valeur. — Les traites, supputées avec soin, donnent une moyenne, par jour et par tête, de neuf à dix litres seulement, année courante ; il est utilisé : 1° à l'alimentation des veaux gras ; 2° à la fabrication du beurre ; 3° à la préparation des fromages d'hiver ; 4° à la vente au détail et en nature dans la commune ; 5° enfin, à la composition de provendes destinées aux porcelets. N'étant pas encore entré dans le décompte précis des diverses dépenses de ce produit, il ne m'est pas possible d'assigner à chacune d'elles un chiffre exact, soit en numéraire, soit en quantité. Cependant, la consultation du poids annuel général des traites réunies accuse une moyenne, par jour, de cent litres seulement, et, par an, environ trente-six mille kilogrammes, dont la transformation en beurre, fromage et crême, représenterait la somme de 4,000 francs. Ce rapport, bien au-dessous de la vérité, donne la mesure du peu de faveur accordé dans nos contrées à ces sortes de produits.

Maladies. — Depuis un temps immémorial, aucunes maladies n'ont régné enzootiquement à Hution ; le charbon, les météorisations simples et la fièvre aphteuse sont celles qui apparaissent communément et à longs intervalles.

A l'exception, toutefois, du charbon dit sporadique, qui souvent fait des victimes, les autres accidents sont sans gravité.

Soins. — J'oppose un traitement approprié et simple, généralement connu, à la météorisation ; la saignée, aidée des émollients à l'intérieur, triomphe de la fièvre aphteuse. Tous les cas accidentels sérieux sont adressés aux médecins spéciaux.

ESPÈCE OVINE.

Dénombrement. — Le troupeau d'Hution, d'origine champenoise, recevant depuis quelques années du sang mérinos, se compte par plus de six cent cinquante têtes, ainsi dénombrées :

Mères	213	de 3 à 7 ans.
Moutons	70	de 3 ans.
Antenois, mâles et femelles,	130	
Agneaux	70	de 7 mois.
	100	de 3 mois.
Agnelles	60	de 14 mois.
Béliers	2	de 2 ans.
Total	645.	

Rapport. — Ces animaux fournissent en moyenne quinze cents grammes de laine par tête et par année ; le produit de la vente est de 5 à 6 fr. le kilogramme, laine lavée, ou ensemble 5,000 à 5,500 francs.

Bergeries. — Les bergeries, au nombre de trois, sont suffisamment spacieuses et saines ; l'aération y est ménagée, convenable et facile ; les séparations y sont établies aussi commodément que possible à chaque catégorie d'animaux ; la nourriture est distribuée dans des crèches mobiles à augets ; des pompes foulantes et aspirantes fournissent les bacs servant d'abreuvoirs d'une eau très-abondante et d'excellente qualité.

Alimentation, modes divers. — L'exposition de ces bâtiments a été choisie soigneusement ; l'abri qu'ils présentent ne laisse rien à désirer ;

l'entretien y a été établi de telle sorte qu'en hiver il constitue la stabulation permanente ; en automne et au printemps, il devient mixte ; en été et dans les époques où les parcours sont riches en végétation, le régime alors se compose de paille pour la sortie et la rentrée ; dans le jour, il n'est que du pâturage libre.

En été, par les températures élevées, le troupeau, dirigé par les deux bergers, est abrité dans le courant de la journée, afin d'éviter les effets fâcheux de l'insolation et des mouches.

Valeur par tête. — Le prix de ces animaux se cote d'après les estimations suivantes : bélier, 150 à 160 fr. ; brebis portière, 45 à 50 fr. ; mouton de deux ans, 30 fr. ; agneau d'un an, 25 fr. ; mouton de troupeau, 35 fr. ; mouton gras pour la boucherie, 40 fr.

Stabulation, nourriture. — A la bergerie, le troupeau consomme les aliments suivants : foin de prairies naturelles, regain de prairies artificielles, avoine aux béliers et aux mères à l'époque de l'agnelage ; pailles diverses de froment, d'orge, de dravière, de lentillats ; sons de blé, carottes découpées, grains concassés ; sel, comme condiment, en pierre et en petits cristaux.

Pendant les années humides, à ces aliments s'ajoute le sulfate de fer en dissolution dans les eaux de boisson, afin de lutter préventivement contre les influences cachectiques.

Maladies. — Les maladies les plus communes de l'exploitation sont le muguet des agneaux, la pourriture, rarement le sang de rate, les météorisations accidentelles. Les soins ordinairement donnés sont, suivant ces différentes affections, ceux prescrits par les vétérinaires.

Excepté la cachexie ou pourriture, toutes les autres affections réunies produisent des pertes insignifiantes ; cette maladie, souvent, décime les troupeaux entiers.

ESPÈCE PORCINE.

Économie. — Sans m'adonner spécialement à l'élevage et à la production industrielle de cette espèce, j'ai reconnu la possibilité de tirer annuellement parti de quelques truies auxquelles je dois de livrer au commerce les portées réunies, soit vingt-quatre porcelets qui ont une valeur de 16 à 18 fr. pièce ; les autres nourris servent pour les besoins de l'approvisionnement de la maison, serviteurs et auxiliaires compris, et fournissent les conserves alimentaires salées. L'importance de ces provisions est d'environ quinze cents kilogrammes, estimés annuellement, au minimum, à 76 francs les cent kilogrammes, ou ensemble à 1200 francs au moins. Si à ce chiffre je joins celui qui résulte de la vente des porcelets, on trouve comme économie un rapport de 16 à 1700 francs.

Origine. — Tous ces animaux proviennent des races anglaises, hâtives ou précoces, dites d'Yorkshire, de Middlesex et Beershire.

Alimentation. — Leur alimentation se compose de laitage, de farineux, de grains cuits, de tubercules féculents ; à cette nourriture on a joint, à titre de condiment, les eaux ménagères et quelques eaux légèrement salines. Parfois, ce régime admet les glands du chêne de nos forêts donnés crus et non fermentés.

Dans le moment des portées d'été, la luzerne verte entre comme partie intégrante dans la ration servie aux femelles ; cet aliment accidentel, exclusivement réservé à ces dernières, est on ne peut plus favorable à la sécrétion laiteuse, et parfaitement appété par elles.

Le décompte de cette alimentation, difficile à établir, n'a pu encore être fait d'une manière satisfaisante, bien qu'il y ait en elle une dépense considérable. A l'endroit de leur placement, les grains qui, comme le seigle, l'orge, les dravières, les féverolles, etc., trouvent des acheteurs trop rares ou des prix peu rémunérateurs, viennent avec avantage prendre place dans la composition des rations destinées aux nourris de cette espèce.

Eu égard aux quantités de ces diverses graines récoltées généralement dans nos contrées, celle qui disparaît dans l'alimentation du porc ne représente qu'une faible partie de la masse. Si elles jouissaient d'une faveur commerciale tout autre que celle que nous leur connaissons, il serait possible d'en tirer un meilleur parti, de ne point les cultiver d'une manière restreinte et aussi de trouver dans leur prix de vente un peu plus du prix de revient. Alors, la semence réservée, on pourrait sans doute appliquer à l'alimentation d'espèces plus élevées l'excédent du produit de ces récoltes, en tirer, en un mot, un parti réellement avantageux.

A l'exception des orges, que le commerce recherche activement :

Le seigle sert à la nourriture des jeunes animaux, sous forme de farine ; en grains, soumis à une immersion de douze heures dans l'eau bouillante ou très-chaude, il constitue des mashs qui, succédanés de l'avoine, entrent dans l'alimentation du cheval.

Les féverolles ou fèves de marais reçoivent, concassées ou en farine, la même destination.

Les dravières et les orges lentillats (où la lentille domine) sont exclusivement réservées en sec, non battues, au troupeau ; quelquefois, mais rarement, elles sont données aux chevaux ; je parle ici de ce qui se fait à Hution, sachant très-bien que, dans des cultures non éloignées de moi, la dravière d'hiver est donnée aux mêmes animaux en vert aux mois de mai et juin ; le lentillat sec et entier, à la sortie de l'hiver, fournit également la ration du cheval, qui le mange avec avidité.

Porcherie, hygiène. — Les porcs sont placés un à un dans des loges séparées ; ils mangent au bac ou à l'auget. Rien ne leur est ménagé à l'endroit de leur hygiène générale. Par les grandes températures d'été, une mare toujours en eau leur procure le moyen de se baigner à volonté ; dans cette saison, tous les jours les loges sont ouvertes depuis huit heures jusqu'à dix heures, le matin, et de quatre à six heures du soir ; les porcheries sont très-bien aérées, lavées souvent, tempérées en hiver, abritées en été, et litiérées chaque jour avec soin.

VOLAILLES.

La basse-cour de l'exploitation ne renferme pas moins de cent quatre-vingts à deux cents volailles de différentes sortes : dindons, oies, canards, pintades, poules et coqs. A l'exception des oies et des variétés de poules, les autres oiseaux sont des produits de nos espèces communes. Les oies sont de la variété dite de Toulouse ; les poules ont les unes, pour souche, nos volailles ordinaires ; d'autres sont des produits de ces dernières avec les cochinchinois ; quelques-unes sont pures de cette race ; une couvée de brahma, élevée depuis peu, y grandit, et quoique sans autres soins que ceux habituels, elle semble s'y développer à l'aise. Les prix de toutes ces volailles sont difficiles à répartir et surtout à établir ; ils seraient approximativement les suivants :

Dindon, 1 fr. 60 c. le kilogramme, vivant.
Oie, 1 fr. 20 c. le kilogramme, vivant.
Chapon gras, 4 fr. 50 à 5 fr. 50 c. pièce.
Coq jeune, 2 fr. à 2 fr. 90 c. pièce.

Poule, 1 fr. 25 à 1 fr. 75 c. pièce.
Poulet de cour, 75 centimes à 1 fr. 25 c. pièce.
Poulet d'épinette, 1 fr. 25 c. à 1 fr. 75 c. pièce.
Canard, 1 fr. 35 à 2 fr. pièce.

Les œufs valent, en moyenne, de 4 à 6 fr. le cent, pour ceux donnés par les poules et canards ; les autres espèces en produisant fort peu et n'ayant pas de prix courants, je m'abstiens de satisfaire à ce renseignement.

L'alimentation de la basse-cour se compose des grains avariés ou mal développés provenant du cylindrage des blé, orge, avoine, seigle, dravière, etc., constituant en un mot les criblures de ces céréales.

COMPTABILITÉ.

Depuis 1835, époque à laquelle je prenais possession d'Hution, à l'aide d'un travail opiniâtre et des améliorations successives dont ce domaine avait besoin, j'ai vu, après une première période, mes ressources s'accroître au point de me permettre des augmentations notables dans le nombre de bétails divers que j'avais réunis tout d'abord.

L'importance nouvelle donnée à mon matériel vivant résultait évidemment de l'abondance des récoltes fourragères et de la non moins grande quantité de céréales.

Ce point de départ très-heureux a servi, dans des proportions notablement plus élevées, les récoltes obtenues dans les années qui l'ont suivi ; il est devenu la base sur laquelle j'ai assis mon système de culture progressive et les exigences qui me permettront de modifier l'assolement actuel dans un délai très-prochain, et de demander à certaines terres des produits plus considérables.

C'est ainsi que, propriétaire partiel de ce domaine, j'ai pu, dans un délai de vingt-cinq années, augmenter le revenu annuel des terres affermées, relever leur valeur intrinsèque, et ajouter encore au noyau primitif des portions beaucoup plus importantes formant actuellement le contexte d'Hution.

Si d'un côté j'obtenais des améliorations agricoles proprement dites, j'accroissais d'un autre ma fortune privée ; je donnais à mon bétail de trait et de rente une valeur et des aptitudes nouvelles ; en même temps, je fournissais à l'agrandissement des habitations et bâtiments d'exploitation une somme de 40,000 fr. environ ; en un mot, je puisais dans les bénéfices divers offerts par l'exploitation seule les fonds dont je pouvais avoir besoin pour satisfaire à toutes les exigences de ces améliorations successives.

Ce sont là les résultats que je puis présenter à titre de renseignements fidèles, comme constituant à eux seuls les éléments de ma comptabilité.

Il ne m'était pas possible, dans les conditions d'administration, de direction et de travail au milieu desquelles j'ai passé ces vingt-cinq années, de créer et formuler une comptabilité de détail qui eût absorbé un temps trop précieux. Ce temps m'appartenant pour partie ne laissait pas que de se partager encore entre les devoirs du cultivateur et les fonctions aussi ardues qu'honorables d'administrateur municipal.

S'il était utile d'établir par une preuve authentique la sincérité du progrès acquis, des améliorations menées à bonne fin, et surtout de l'accroissement de ma fortune personnelle, on la trouverait d'une manière aussi facile que recommandable en compulsant les procès-verbaux de clôture des séances des comices agricoles et concours départementaux, depuis la date (1835) de mon entrée à Hution.

Toutes les institutions d'améliorations et de progrès agricoles m'honoraient, à divers titres ainsi qu'à des époques différentes, des récompenses suivantes :

1° 1844. Une médaille d'or, pour bonne tenue de ferme, par le Comice de Sainte-Ménehould ;

2° 1847. La Société de la Marne, pour le même objet, une médaille d'argent ;

3° 1849. Une médaille d'argent pour amélioration du bétail rouge ;

4° 1850. Une médaille d'argent, grand module, amélioration du bétail ;

5° 1850. Une médaille d'argent pour instruments perfectionnés introduits dans l'arrondissement ;

6° 1853. Une médaille d'or pour drainage naturel ;

7° 1853. Une médaille d'argent, concours de bêtes à laine ;

8° 1854. Une médaille d'or pour les plantes fourragères en culture réglée ;

9° 1855. Une médaille d'or de 100 fr. pour bonne tenue d'étables ;

10° A ces récompenses se joignent celles en numéraire et en médailles de bronze, et en mentions honorables diverses, pouvant donner le chiffre de seize à dix-huit primes autres que les précédentes.

De toutes ces primes, les unes constatent les difficultés vaincues, les améliorations effectuées; les autres, la bonne tenue de l'exploitation et ce qui s'y rattache ; certaines relèvent et démontrent les efforts faits en vue d'une économie meilleure dans la spéculation du bétail, etc.

Cette évocation authentique, toute spéciale à l'exploitation, confirmant tous les résultats accusés d'autre part, légitime suffisamment l'excuse dont a besoin l'absence d'une comptabilité de détail minutieuse, régulière et annuelle.

Hution, en 1834, se décomposait ainsi :

Bâtiments, estimés..................	14,000 fr.
60 hectares surface cultivable...... .	72,000
12 hectares prairies naturelles.......	60,000
5 à 6 hectares terres vaines et incultes.	2,500
Rendement moyen des récoltes......	Moitié du rendement actuel.

Nombre d'animaux ou matériel vivant :

10 chevaux..................	3,000 fr.
10 têtes bétail rouge..........	1,500
200 têtes bétail blanc..........	2,500
6 têtes porcs................	600
80 têtes volailles.............	100

Dont la moitié devait m'échoir et a été reprise en 1835.

Comme ces chiffres le disent, l'importance du domaine était faible en récoltes, pauvre en bétail, restreinte en bâtiments; si encore, par une investigation de détail, on fouillait ce premier inventaire, l'état des lieux démontrerait alors que cette propriété, en 1835, avait des cours sales, boueuses, défoncées, sans trottoir pour la desservance des étables, bergeries, etc.

Les chemins l'avoisinant, non empierrés, étaient, à l'époque des pluies et des dégels, d'un accès impossible.

Le transport des grains qui, à cette date, approvisionnaient le marché de Sainte-Ménehould, se faisait au sac et à dos de cheval, faute de voies de communication convenables.

Nulles eaux, autres que celles amassées par les pluies dans une sorte de réservoir ou mare distante des habitations de cent cinquante mètres environ, n'étaient données comme boisson aux divers bétails.

Actuellement, Hution est bordé de chemins nombreux assez faciles et bons en tous temps ; les cours ont été macadamisées, une chaussée créée pour le passage des chars et voitures ; un trottoir circulaire, régnant le long des bâtiments, permet une surveillance facile et fournit un accès commode aux diverses distributions.

L'ancienne mare délaissée a été remplacée par deux pompes alimentaires destinées aux bergeries, aux étables, écuries, etc., et toutes deux situées dans des lieux très-rapprochés de ces dépendances.

Nulles terres marécageuses, vaines ou incultes, ne s'y rencontrent plus ; toutes sont entrées dans l'assolement régulier avec rendement annuel satisfaisant ; leur alternance ne comporte aucune exception de culture.

En 1835, comme je l'ai dit, ce domaine m'appartenait pour moitié seulement. En dehors de ces améliorations, mettant à part la plus-value générale, propre tant aux bâtiments qu'aux natures si diverses des terrains, aux animaux plus nombreux et de meilleurs produits, la différence du rendement pour les récoles en blé, seigle, avoine, orge, carottes, betteraves, pommes de terre, colza, lupuline, dravière, lentillats, trèfle, luzerne, est de moitié en plus des cultures anciennes, ce qui résulte du système d'assolement et de l'amélioration du sol.

Alors la part qui m'était afférente à titre de répartition du bien paternel se composait de moitié des terres en culture, prairies, sols incultes, ainsi déterminés :

Terres cultivables, trente hectares estimés	36,000 fr.
Prairies, six hectares	30,000
Terres vaines, trois hectares	1,500
La part des bâtiments valait	7,000
Le mobilier vivant était de	7,700
Total général	82,200 fr.

Les terres arables ont été augmentées par achat direct, par défrichement, drainage et dessèchement.

Il en est de même pour les prairies

A tous ces accroissements divers, il est bon d'ajouter certaines propriétés en nature de forêts défrichées et mises en culture.

Les terres, portées à quatre-vingt-quatre hectares,	84
Les prairies, à dix hectares	10
Les terres vaines transformées, trois hectares	3
Les forêts, six hectares	6
	103 hectares.

Dont l'estimation est la suivante :

1° 45 hectares terres arables, à 2,400 fr. l'hectare	115,200 fr.
39 hectares terres arables, à 2,000 fr. l'hectare	78,000
10 hectares prairies naturelles, à 5,000 fr. l'hectare	50,000
6 hectares de forêt provenant de partages de famille	21,000
A reporter	264,200 fr.

Report d'autre part...... 264,200 fr.

Dans cette première partie de l'inventaire général d'Hution, il n'est nullement question des réserves fourragères, céréales et autres, existant actuellement encore dans les remises ou granges et greniers de l'exploitation, dont le détail et l'estimation au cours actuel sont les suivants :

Blé................	200 quintaux, à 25 fr. l'un....	5,000
Orge...............	80 quintaux, à 20 fr. l'un....	1,600
Avoine.............	200 quintaux, à 15 fr. l'un....	3,000
Dravière...........	15,000 kilog. à 50 fr. les 1,000 kil.	750
Foin de prairies nat.,	75,000 kilog. à 60 fr. les 1,000 kil.	4,500
Trèfle.............	25,000 kilog. à 40 fr. les 1,000 kil.	10,000
Betteraves.........	5,000 kilog. à 10 fr. les 1,000 kil.	900
Cidre..............	20 hectol., à 12 fr. 50 c. l'un.	250

La mise au champ des blés, estimée à 45 fr. (2 hectolitres) par hectare, sur une surface de 40 hectares, fait.... 1,800

2° Le bétail entretenu à Hution donnerait les chiffres suivants :

Les chevaux..................................	11,250
Le bétail rouge..............................	8,180
Le bétail à laine............................	17,085
Les porcs....................................	1,600
La volaille..................................	1,000

3° Les bâtiments ont une augmentation et une estimation s'élevant à la somme de.......................... 40,000

4° L'accroissement en contenance du domaine est porté à un hectare en plus, soit.......................... 2,400

5° La plus-value du sol, estimée d'après la proportionnelle d'augmentation des redevances annuelles, de 2,000 à 2,500

6° Perte operée sur les bâtiments anciens, détruits ou mauvais.................................... 1,000

Total général............. 391,550 fr.

Tel est l'inventaire comparatif du domaine établi en 1835 et 1852; il dit, dans la balance de ses chiffres, mieux qu'aucune comptabilité de détail, les bénéfices acquis dans cette période.

Je me suis efforcé, dans ce mémoire, d'être aussi consciencieux que vrai ; aussi ai-je dû relater, le plus souvent, les estimations minima de préférence à des données en termes moyens qui eussent pu être involontairement taxées d'exagération.

Mon désir le plus sincère est que ce mémoire, résumant fidèlement l'ensemble et les résultats d'une gestion agricole de vingt-cinq années seulement, soit aussi complet qu'ont semblé le demander les instructions qui m'ont servi de guide.

J'aime à penser que le jury appelé à statuer sur le mérite de chacune des demandes qui lui sont faites à l'occasion de ce concours, pour en opérer le classement, voudra bien prendre en considération les améliorations générales qui, comme celles pratiquées à Hution, auront produit des transformations aussi avantageuses aux intérêts privés qu'utiles au progrès agricole et à la fortune publique.

Hution, le 27 février 1860.

www.ingramcontent.com/pod-product-compliance
Ingram Content Group UK Ltd.
Pitfield, Milton Keynes, MK11 3LW, UK
UKHW021101270726
13994UKWH00009B/1725